写真エッセイ集

OLD DOGS

愛しき老犬たちとの日々

OLD DOGS : Are the Best Dogs
by Gene Weingarten &
photo. by Michael S. Williamson

Copyright© 2008 by Gene Weingarten and Michael S. Williamson
All Rights Reserved.
Published by arrangement with
the original publisher, Simon & Schuster, Inc.
through Japan UNI Agency, Inc., Tokyo

ブランディ、コーヒー、ペネロピー、
パコ、マシュー、モリー、
サム、オーギー、ハワード、
アニー、クレメンタイン、ハリーへ

本書は老犬たちへの賛辞であり、
そのすばらしい徳を称えるものである。
登場する犬はすべて、写真を撮影した時点で、
少なくとも10歳を超えていた。
このなかで現在も生きているのはどの犬かとお尋ねなら、
われわれはこう答えよう。
みんな、ちゃんと生きている、と。
老犬よ、永遠なれ。

謝　辞
Acknowledgements

　サイモン&シュスター社の発行者、デイヴィッド・ローゼンタールに感謝を捧げたい。この本の企画を耳にすると、一瞬の迷いもなくゴーサインを出してくれたのが彼だった。まさに、偉大なるアメリカの出版業者の鑑(かがみ)と言えよう。

　編集者のアマンダ・マリにも感謝したい。数多くのすばらしい提案のおかげで、本書に大小さまざまな改善を加えることができた。それから、われわれの顧問弁護士であり、エージェントでもあるアーリーン・A・ソイディにも感謝。代理人として辣腕(らつわん)ぶりを発揮し、しかも、無料で仕事をしてくれる。アーリーンがわれわれの片方の妻であるおかげだ。

　また、世界でいちばん愉快なコピーエディター、パット・マイヤーズにも感謝したい。彼女が飼っている穏やかで立派な老犬、ヘンリーを本書に登場させるのをわれわれが忘れてしまったというのに、純粋な好意から校正をひきうけてくれた。

　本書でとりあげた犬たちを見つけるにあたっては、多くの人々から寛大なご協力をいただいた。とりわけ力になってくれたのはメロディ・サレッキーで、犬のブローカーさながらだった。本来なら莫大な手数料を払うべきだろうが、かわりに、この莫大な感謝の言葉を贈りたい。同じく、メリーランド州ベセズダにあるベンスン動物病

院のスタッフにも感謝している。とくに、ナンシー・ミラーとマリアン・カティナスに。この方たちの協力のおかげで何匹もの犬と出会うことができた。獣医のアルバートとランディのベンソン夫妻には、うちの愛犬ハリー・S・トルーマンが生まれてから死ぬまでお世話になった。ハリーの生涯が本書誕生のきっかけになったと言ってもいいだろう。

　ウィリアムスン家の姉妹、ソフィアとヴァレリーの尽力については、いくら語っても語りきれない。父親のフォト・アシスタントとして、何百時間も精力的に作業をしてくれた。ソフィアは11歳、ヴァレリーは8歳で、犬を世話し、犬をなだめ、犬を退屈させないようにし、犬を楽しませ、犬を愛するのが、2人とも天才的に上手だった。

　最後に、無数の方々がわれわれを親切に住まいに招き入れ、飼い犬の写真を撮らせてくださったが、すべての犬のエピソードと写真を本書に収録することはできなかったので、その方たちに感謝とお詫びを申しあげたい。省いてしまったのは、ひとえにサイモン＆シュスターの編集者の責任である。理由を明かしてくれないので、いずれどこかで弁明してほしいものだが、たぶん、1294ページもある本を出版するのを躊躇したのだろう。

[序章]

ハリーの思い出
Remembering Harry

　ハリーが亡くなる少し前に、わたしは犬の散歩に出かけた。思いがけない出来事に満ちた散歩になった。ハリーはもうじき13歳、大型犬としては長生きのほうだった。
　散歩といっても、もはや子犬のころのような〝有頂天の犬橇大会〟ではなくなっていた。あのころのハリーはむやみやたらとリードをひっぱり、飼い主をひきずって四方八方へ飛んでいくので、わたしは背中を曲げて、犬を命令に従わせるべく苦闘したものだった。また、成犬になってからの生き生きした〝考古学遠征の旅〟でもなくなっていた。当時は、あらゆる木、消火栓、草の葉に、近所の犬たちに関する興味深い秘密が隠されていたようだ。老犬になると、ハリーの散歩は単なる排泄のプロセスに変化した。義務を果たすための実用本位の散歩で、うなだれてとぼとぼ歩く。用を足したあとは、足をひきずりながら、ぼろぼろの古い犬用ベッドが待つ家に帰っていく。階段をのぼるのが無理になったハリーのために、ベッドはわが家のリビングに置いてあった。
　こうして散歩に出るとき、ハリーは周囲のことに無関心で、足の前に足を出し、その前にまた足を出し、ふたたびまた足を出すという辛い義務だけに心を奪われている様子だった。ところが、この日は、都会の小さな公園の外で立ち止まり、何かをじっと見つめていた。男性が飼い犬にフリスビーを投げていた。犬はハリーぐらいの大きさで、ハリーがかつてやったようにフリスビーを上手に追いかけ、ハリーがかつてやったように円盤の揺れと回転を見守りながらフックかスライスかを予測し、そして、ハリーがかつてやったようにタイミングを合わせて楽しげにジャンプし、フリス

ビーをキャッチしていた。

　外で1度もすわったことのなかったハリーが、信じられないことに、おすわりをした。10分ほどのあいだ、スローとキャッチ、スローとキャッチの繰り返しを見つめていた。満足そうな表情を浮かべ、目を輝かせ、耳を緊張させ、しっぽをぴくぴくさせて。家に帰るときは……なんだか弾むような足どりだった。

　何年か前に『ワシントン・ポスト』紙がユーモア・コンテストを開催した。〝落ちこぼれ人間のやることリストの最初に来るのは何か〟というテーマだった。みごと1位に輝いたのは

飼い犬の尊敬と称賛を得ること

だった。

　犬を愛するのはむずかしいことではない。犬がそれを簡単にしてくれる。あなたがしょげかえっていても、犬はすばらしい飼い主だと思ってくれる。あなたがバターナイフみたいに退屈な人間でも、犬はうっとりしてくれる。たとえ大量殺人鬼だろうと、犬はなついてくれる。ヒトラーは犬が大好きで、犬のほうもヒトラーが大好きだった。

しっぽの振り方について考えてみよう。犬と人間がコミュニケーションをとるさいの基本の「き」と言うべき手旗信号である。犬が挨拶がわりにしっぽを振るのは、会えてうれしいという意思表示だ。偽装はできない。あなたを幸せにするための線が犬のハートとしっぽをつないでいる。その特性が何千年ものあいだ存続したおかげで、いったい何百万匹の犬と何百万人の人間が愛情を注ぎあってきたことだろう。

　年をとるにつれて、犬は変わっていく。しかも、つねにいい方向へ。子犬は文句なしに愛らしく、文句なしに楽しい遊び相手だ。いちばんうれしいのは、まさに子犬の匂いがすること。成犬になると、おバカなことをあれこれやってわれわれを魅了する。そこにあるのは、無条件の忠誠心、飼い主を喜ばせたいという抑えきれない思い、周囲の者にまで分け与える幸せ、疑う余地なき愛情。しかし、もっとも重要な美徳の数々が熟して合体するのは、犬が老齢になってからだ。

　年老いた犬は目が白濁し、気難しくなり、鼻面が色褪せ、歩調が優雅でなくなり、妙な行動をとるようになり、耳が遠くなり、吹き出物に悩まされ、息切れがひどく、ものぐさで鈍重になる。しかし、老犬と向き合った経験のある人ならみな、そんなことは些細な問題だと言うだろう。年をとれば弱ってくるものだ。深い感謝と無限の信頼を飼い主に示すようになる。そこ

に作意はまったくない。予想もしなかった新たな剽軽さも出てくる。だが、とりわけ目立つのは、安らぎに包まれているように見えることだ。具体的な説明はむずかしいが、無難にまとめるなら、落ち着きが出てきたという感じか。わたしならそれを〝聡明さ〟と呼ぶだろう。

カフカはかつて、〝人生に意味があるのは、いずれ終わりを迎えるからだ〟と言った。つまり、すべてのものに限りがあることを知り、その恐怖を心に抱いて生きていくことで、良くも悪くも、われわれの人生は形作られ、変化していく。こうした恐怖から、詩が、文学が、大建築が、戦争が、さまざまな形の愛と憎悪と生殖行為が──そう、そのすべてが──生みだされた。

カフカが言ったのは、もちろん、人間についてだった。動物のなかで、時間の経過と、死すべき運命という冷酷な事実を認識できるのは人間だけだと言われている。だが、それなら、被毛に白い毛が交じり、脚が不自由になった老犬ハリーが、死の何日か前にあの公園のすぐ外で何かを思いだし、うれしそうな顔になり、せつなさと郷愁と呼ぶしかない経験をしたことを、どう説明すればいいのだろう？

わたしはこれまで8匹の犬と暮らし、そのうち6匹が気品と威厳を湛えて年をとり、弱っていき、運命を甘受するかのように死を迎えるのを見てきた。老犬が仲間の死を悲しむのを見てきた。そして、犬も年をとるにつれて時間の経過を認識し、死という運命までは理解できなくとも、体力の衰えという無慈悲な現実だけは間違いなく理解している、と信じるようになった。過ぎたことは過ぎたこと──それは犬もわかっているのだ。

犬が持っていないのは、恐怖感や、不公平とか権利といった感覚だ。われわれ人間と違って、自分のことを、無慈悲な時間の猛攻撃に敢然と立ち向かう悲劇のヒーローなどとは思っていない。自分の生涯を神話化するような図々しさも老犬は持ちあわせていない。それゆえ、犬をいっそう愛おしく思わずにはいられない。

わたしたちがペットショップで3匹の子犬のなかからなぜハリーを選んだかというと、触れあいコーナーで3匹がうちの子たちとじゃれあったときに、ハリーがいちばん元気よく咬みついたからだ。元気のいい子犬がほしかったので、これこそ希望どおりの子だった。

幼い少年と、同じぐらい強情だが力はもっとある子犬が綱引きをしたらどうなるかを見守ってみるのも、教訓になるものだ。双方、1センチたりとも譲ろうとしない。だが、何十日かのちには、少年が尻餅をついたまま何百メートルもひきずられることになる。

カンザス州のブリーダーのもとでタフィー・スーと

いう名の母犬から生まれたハリーは、イエロー・ラブラドール・レトリーヴァーとしてわが家にやってきた。犬種としてはそこに分類されるのだろうが、それは単に、ミントキャンディのチックタックも〝食品〟に分類されるという程度のものだ。ハリーの血統はどうも胡散臭かった。ラブラドールと聞けば、カモ猟のお供でカナダの荒野へ出かける、角ばった頭につやつやの毛並みの優美なタイプが想像されるが、ハリーはそうではなかった。頭の形はまるでベイクドポテト、毛並みの色と艶は事務用の茶封筒そっくりだった。オハイオ州のトリード市郊外という荒野にいる姿なら想像できる。ハリーの猟の目的はカーペットに落ちているドッグフードの粒々。

正式な名前はハリー・S・トルーマンで、雑貨店の店主みたいに愛想のいい犬だった。わが家ではときどき〝トル〟と呼ぶこともあり、それはこの犬の忠誠心にぴったりだったが、ある意味では誤った呼び名でもあった。いささかエキセントリックな犬で、ひねくれたところがあった。また、電気ショックを受けたことなどないのに、床を這うコードに——例えば、ノートパソコンからコンセントまで延びる電源コードに——出会うと、足を止め、そこから先へはぜったい行こうとしなかった。ハリーにとって、この障害物はヒマラヤ山脈のごとく越えられないものだった。その場に立ち、誰かがコードをどけてくれるのを待つのが毎度のことだった。

それから、風にも怯える犬だった。

ハリーはこれまで飼ったなかでいちばん利口ではなかったが、いちばんのバカでもなかった。バカ犬と言えばもうオージーで決まりだ。甘えん坊のメスのコリーで、わかりやすく言うなら、ラッシーにはなれないタイプだった。

オージーは当時よちよち歩きだったうちの娘のことが大好きで、娘の遊ぶ姿を憧れの目で見守っていた。わが家の裏庭にブランコがあり、あるとき、オージーの立った場所が悪くて、ブランコを漕ぐたびに娘の靴が顔にぶつかってしまうことがあった。困った事態だと犬も思ったはずだが、この体罰をどうやって回避すればいいのかがわからない様子だった。

ある日、妻がオージーを連れてコンビニへ出かけ、店の外にあった大きな空っぽのゴミ缶に犬をつないだことがあった。買物を終えて出てきたら、オージーの姿がなかった。体をふたつに折って笑いころげている人々のほうへ行ってみると、そこにオージーがいた。すさまじい音を立てる〝殺人ゴミ缶〟に追いかけられて命からがら逃げまわる大型犬の姿に、誰もが爆笑していたのだった。オージーが疲労困憊して倒れるまで、リードを結びつけたままのゴミ缶は犬を追いつづけた。

オージーは13歳まで生きたが、わたしの見るかぎり、明晰な思考をしたことは1度もなかったようだ。

　それに比べれば、ハリーのほうがずっと利口だった。一部の犬のような狡猾さは持ちあわせていなかったが、わたしはある日、ハリーが物理の基本原則に気づく瞬間を目にしたことがあった。ハリーはそのとき、裏庭で水のボトルをおもちゃにして遊んでいた。冷水器に使うタイプの、ネック部分の狭い円筒形の20リットルボトルだった。遊んでいるうちにボトルが斜面をころがり落ち、ハリーは驚くと同時におもしろがった。ボトルをとりに行き、上まで持ち帰って、ふたたび落とそうとした。だめだった。わたしがじっと見ていると、鼻先でボトルをつつきまわしていたが、やがて、ころがして落とすためにはボトルを斜面に対して直角に置かなくてはならないことを発見した。ハリーの顔に理解の色が浮かぶのが見えるようだった。それは風呂に浸かったアルキメデス、井戸で水を手に受けたヘレン・ケラーだった。

　おそらく、これがハリーの生涯でもっとも知的な偉業だったと言っていいだろう。その偉業をわずかに損なったのは、ボトルをころがして落とし、くわえて戻ってくるのに2時間ものあいだ没頭したことだ。ハリーがようやく家に入ったのは、あたりが暗くなり、何も見えなくなってからだった。

　犬の知能を推し量ろうとする場合、ひとつ問題にすべきは、人間のほうが偉いと誰もが思いこんでいて、人間の論理を犬の頭脳にあてはめようとすることだ。それは間違っている。

　ハリー・トルーマンと郵便屋の関係を例に挙げてみよう。郵便配達の時刻になると、ハリーはひとつの都市を全滅させられるぐらいの暗黒の能力に目ざめる。低くうなりながら玄関へ走り、スロットから差しこまれる郵便物をくわえてひっぱる。ドアの向こうのけだものに飛びかかり、できれば殺してやりたいという形相で。われわれから見れば、これはエネルギーの愚かな浪費、憎悪のむなしい噴出に過ぎず、いつまでたっても学習できない犬だとしか思えない。

　しかし、ハリーの立場になって考えてみよう——ぼくは13年近くにわたって、約4000回も、わが家に侵入しようという賊と戦ってきた。毎回、ぼくの奮闘で悪漢を撃退してきた。少しは理解してくれても、あるいは、褒めてくれてもいいではないか。

　ハリーがいつ老犬になったかを、わたしは正確に覚えている。ハリーが9歳のときだった。2001年6月21日の午後10時15分。わが家が郊外から都心へ越した日のことだ。

　引っ越し作業に予想外に時間がかかってしまった。言い訳のしようがないが、無人になった家にハリーだ

けが残された。物音が反響して薄気味悪く、家具もその他の荷物もすべてなくなり、残っているのはハリーと犬用ベッドのみという家に8時間ものあいだ放っておかれたのだ。わたしがようやく迎えに行ったとき、ハリーは半狂乱だった。

玄関で待っていて、犬の前肢の筋肉組織と骨格からすると考えられない格好でわたしの腰に抱きついてきた。しがみついたハリーの前肢をひきはがすのは、どうあがいても無理だった。犬とわたしはスローテンポで踊るカップルのように家の外へ出た。わたしが車のドアをあけるまで、ハリーは離れようとしなかった。

以前のハリーだったら、ワンワン文句を言っていただろう。だが、腹立ちまぎれに家のなかを汚すようなこともしなかった。その夜のハリーはひたすら怯えて弱気になり、信じられないぐらい甘え、まとわりつき、すなおだった。自分のなかの何かを失ってしまったが、かわりに、もっといじらしく、もっと価値ある何かを手に入れていた。老年に入ったのだった。

戦争や自然災害で何万もの人命が失われたところで平然としているように見える人々も、動物虐待には怒りをあらわにし、家で飼っている犬が死ねば悲しみのどん底に突き落とされる。こうした態度を理解不能とか不愉快とか感じるのは、ペットのいない人の場合が多い。犬が——長生きした犬はとくに——飼い主の一部となることを、この人たちは理解できないのだろう。

なぜそうなるのか、なんとなくわかったような気がする。それはわたしが願っていたほど崇高なことではないが、同時に、恥じるようなことでもない。

われわれは犬のなかに自分自身を見いだすのだ。犬はこちらの感情をほぼすべて表現することができる。かなり複雑な感情までも。犬には羨望も哀れみも誇りも憂鬱も表現できないと考える人がいるなら、それは犬と暮らした経験のまったくない人だ。犬に欠けているのは、われわれ人間の持つ〝感情を偽る〟という能力だけだ。犬は感情がそのまま顔に出るので、犬を観察すれば、仮面やポーズをはぎとったあとの自分の姿をそこに見ることができる。犬の無垢な表情はたまらなく魅力的だ。

子犬から老犬へと変わりゆく姿を目にすると、自分自身の人生の縮図を見ているような気がしてくる。年をとり、体力が低下し、偏屈になり、病気にかかりやすくなる。祖母がそうだったように。そして、時期が来れば、われわれもかならずそうなる。犬のために悲しむのは、自分のために悲しむことでもある。

人生に意味があるのは、いずれ終わりを迎えるからだ。

引っ越し後の１年のあいだに、ハリーは目に見えて年老いていった。ほとんどの犬がたどるプロセスどおりに。まず、鼻の色が白っぽくなり、白い色が徐々に広がって頭全体を包みこんだ。ピンクの鼻、白い頭、黄褐色の胴体——その姿はずんぐりした台所用マッチという感じだった。また、じっとしている時間が増えるにつれて、少々太目になってきた。

　そう言えば、以前、アジアには犬を食用として育てている人がいるという記事を読んだことがある。飼育場を経営する男性は自分の職業を擁護して、食用にするのは〝ごくふつうの雑種〟だけだと言っていた。いつものように眠りこんでいるハリーを見下ろした瞬間、わたしの頭に浮かんだのは〝肉だ〟という思いだった。

　しかし、ハリーの肉体的な衰えは、嘲笑されるのを覚悟で言うと、霊的な目覚めを伴うものだった。

　犬の最高の知性とは、人間の気持ちと行動を予測・理解する先天的能力のことだと言われている。それがたぶん、ダーウィンの唱えた適応ということだろう。犬が生き延びるためには人間との同盟が必要だ。若いころのハリーは感情移入の能力にとくに恵まれているとも思えなかったが、興味の幅が狭まり、住む世界が縮小するにつれて、家の者を以前より熱心に観察する様子を見せはじめた。

　わたしの妻は弁護士だが、地元の劇場の舞台に立つこともある。ある日、近々おこなわれるオーディションに備えて自宅で独白の稽古をしていた。マーシャ・ノーマン作の「おやすみ、かあさん」という２人芝居のなかのセリフで、妻は出戻りの娘の自殺を思いとどまらせようとする母親を演じることになっていた。母親セルマは途方に暮れた弱い女性で、娘の決心を変えさせようと必死になるうちに、自分は母親失格だという事実と、自分だけがあとに残されるというすさまじい恐怖と徐々に折りあいをつけはじめる。セルマのセリフは悲しみに満ちている。

　妻は独白の途中で黙りこんだ。ハリーがひどく心配そうな顔をしていた。セリフはひと言も理解できないが、ママのこんな悲しそうな顔を見るのは初めてだと思ったようだ。クンクン鳴きながら、妻の膝を前肢でひっかき、手をなめ、必死に慰めようとしていた。気持ちを伝えるのに頭脳は必要ない。

　子犬のころのハリーは、どの子犬もやるように、可愛がってもらおうとした。猛烈な勢いで突進してきては、〝頭をなでて〟〝顎の下をくすぐって〟とせがんだものだった。しかし、晩年に入ったころには、わたしが〝ワンコの抱擁〟と名付けた技を完璧の域にまで高めていた。年老いた犬というのはうしろ向きで近づいてきて、こちらが知らん顔でいられなくなるまでしつこくすり寄り、お尻をなでてくれとせがむものだ。いった

い何を考えているのやら、わたしにはどうしても理解できなかったが、いつのまにか、ハリーにそうされるのが大好きになっていた。

ハリーは昔から激しい雷雨に哀れなほど怯えたものだったが、自然の猛威が衝突して威力が衰えるのと同じく、年をとって耳が遠くなったおかげで、そうした恐怖も薄れていった。物静かな犬に変わっていった。ただし、エキセントリックな面はあいかわらずだったが。

散歩のときは、用足しの場所を求めてあちこち探索し、歩きまわるようなこともなくなった。馬と同じく、歩いている途中で用をすませ、大急ぎで後始末という大変な仕事はわたしが押しつけられることになった。ときには、車が猛スピードで走っていくにぎやかな通りを横断する途中で、いきなりすわりこんで耳を掻きはじめたこともあった。また、自分がどこにいるのか、なぜそこにいるのかを忘れてしまうこともあった。人々が噴きだしそうな顔で通りすぎていく。わたしは犬のそばにしゃがんで、「ハリー、散歩がすんで、いまから家に帰るんだよ。家はこっちのほう。いいね？」と言わなくてはならなかった。

ハリーはこうして義務的に散歩に出ても、途中で出会うものをほぼすべて無視していた。ひとつだけ大きな例外があった。それは樽のような胴体をしたメスのピット・ブルで、名前はハニー。ハリーはこの子が大好きだった。驚くべきことだ。なにしろ、ほかのどんな犬に対してもとっくの昔に興味をなくしていたのだから。しかも、興味を持っていた時代でも、ハリーの好みはオスに向いていた。去勢手術をしたあとも、性的好みは歴然としていた。

ところが、散歩の途中でハニーに会うと、ハリーはとたんにシャキッとする。ハニーはハリーより5歳若くて、はるかに元気だが、ハリーのことが好きで、一緒に歩くときは歩調をそろえてくれる。2匹で何ブロックか歩いていく。視線を前方に据え、おたがいに無関心な様子だが、一緒にいるだけで満足している。そんなハリーを見ていると、年老いたゲイの男性が連想される。生涯の終わりが近づいたとき、最後のときを一緒に過ごすために妻のもとに戻り、刺繡入りのショールを膝にかけてポーチのブランコを揺らす姿が。ハリーの最後の日々を心地よいものにしてくれたハニーに、わたしは永遠の感謝を捧げたい。本書でもハニーを最初に紹介することにした。

わたしが仕事をする場所は主に自宅なので、平日は、誰もいない家で年老いたハリーとわたしだけが一緒に過ごしていた。ハリーはたいてい眠っていたし、わたしはたいてい原稿を書くか室内を歩きまわるかしていた。床に寝そべったハリーの横を通ることがしばしば

あった。そのたびに、無意識のうちに「やあ、ハリー」とつぶやくと、ハリーも毎回同じ方法で答えてくれた。体はぴくりとも動かさないが、しっぽで1回だけ床を叩くのだ。

この儀式がどんなに大切なものだったかを悟ったのは、しっぽで床を叩くのを二度と見られなくなってからだった。

ある晩、午前3時に、自宅の火災報知器が鳴りだした。中国の水責めみたいに神経を苛立たせる響きで、電池交換が必要だという合図を送ってきたのだった。わたしたちは少々苛立つだけですんだが、ハリーにとっては、まさに大惨事の到来だった。荒い息をついてうろうろしはじめ、なんと、わたしたちのベッドの下にもぐりこむために階段をのぼろうとした。リウマチの肢からガクッと力が抜けた。階段から落ちる前にわたしたちが受け止めた。

それから、わたしが脚立にのぼって、鳴りつづける報知器の電源を切り、切れた電池をとりだした。そのあと、妻が2時間かけてハリーをどうにか落ち着かせた。その夜、妻はハリーのそばの床で寝た。

結局は、それがハリーの最後のエキセントリックな行動となった。翌朝、目をさましたときはもう、後肢が動かなくなっていたため、みんなでハリーを抱きかかえ、最期のときを迎えるために獣医のところへ連れていった。

ハリーは天国へ旅立つタイミングをちゃんと考えてくれた。あと数時間遅かったら、うちの娘がハリーを抱きしめ、ほんとにいい子だったねと語りかけることはできなかっただろう。モリーはそれまでの人生の半分以上をハリーと過ごし、ハリーを愛してきた。このことがモリーの選んだキャリアに無関係ではなかったと、わたしは信じている。ハリーが死んだ翌日、モリーは獣医学校に入学するため町を離れた。

ハリーの死から1週間近くのあいだ、妻とわたしには共通の思いがあったが、口に出すことはできなかった。おたがいに対してさえも。口にするのは辛すぎた。ストレッチャーに横たわったハリーの血管に獣医が注射器で薬を注入しはじめた瞬間、ハリーは顔を上げ、わたしたちに別れのキスをしてくれたのだった。

ハニー ［10歳］
Honey

　シャナは真剣な表情を浮かべて、16歳になる息子のランスに肉切り包丁を渡した。シャナは夫を亡くしたばかりで、いまはランスがこの家の新たな大黒柱だ。野良犬を連れて帰ってきたのもランスだった。
　シャナはこの犬種について聞いたことがあった。野良犬暮らしで鍛えられた犬はとくに危険で、何をするかわからない。家庭で飼うには凶暴すぎるかどうかを見分けるテスト方法をシャナは知っていた。危険がないとは言いきれない方法だ。
「わたしがこの子に餌を与えて、つぎに、いきなりとりあげる。この子がわたしに襲いかかってきたら、あなたの手で殺す」
　シャナは餌のボウルを置いた。ランスは関節が白くなるほど包丁を握りしめると、身構えて……。
　いまではもう笑い話。ピット・ブルのハニー。その名のとおり、甘く優しい子だ。

ウィニー ［15歳］ と ラッキー ［10歳］
Winnie and Lucky

　コッカー・スパニエルのウィニーのほうが年上で頭もいいが、ビション・フリーゼのラッキーは悪知恵が働く。食事タイムになると、ラッキーは玄関へ走っていって猛然と吠えたてる。何事かとウィニーが見にいくと、ラッキーはウィニーの餌が入ったボウルのところまで飛んで戻る。
　しかし、2匹が共通のゴールをめざして協力することもあり、そんなとき、ウィニーとラッキーは合体して〝ウィニキー〟になり、一致団結の精神のもとで、ひそやかに、狡猾に、ゴールめざして進んでいく。
「チームワークがすごいんだ。バスケットボールのピック・アンド・ロールって感じかな」ジェイムズは言う。「家のなかを歩いてると、不意にラッキーが目の前に立つ。で、よけて通ると、その先にウィニーがいる。そこでウィニーの左側をまわると、その先にカウンターがある。2匹がそこへ誘導しようとしたわけだ。クッキージャーが置いてあるからね。そして、ウィニーとラッキーがカウンターの上からこちらを見下ろしているんだ」

スタンレー［16歳］
Stanley

　これは憧れと情欲、勇敢さと冒険、意志の勝利の物語。いまから600文字ほどでお伝えしよう。ただし、これはR指定です。
　ジャック・ラッセル・テリアのスタンレーは若くてハンサムだったころ、子作りの相手として選ばれた。悲しいかな、熱意はあったものの、背丈が足りなくて、美犬ですらっとした体型のヘイリーに求愛するのは無理だった。愛の行為は実現しなかった。
　そこで、別の形で婚姻の儀式をおこなうことになった。場所は獣医の診察室。スタンレーはそこでヘイリーと顔を合わせ、ただし相手の協力なしのまま、医療のプロである獣医の熟練の手に刺激されて、必要とされるものを差しだした。
　翌日の夜、デビーが仕事から戻ると、スタンレーの姿がなかった。留守電に獣医のメッセージが入っていた。「スタンレーがうちのドアの外にいて、期待に満ちた顔でしっぽを振っていました。フェンスに囲まれたお宅の裏庭を脱走し、交通の激しい通りを3キロも走ってきたんですね」
　いまではスタンレーも老境に入り、ときどき、自分がどこにいるのか、どこへ行くつもりだったのか、わからなくなってしまう。迷子になることが多い。しかし、あの大冒険でついたニックネームを失うことはけっしてないだろう。
　雄々しきスタンレー。

レクシー ［14歳］
Lexi

　レクシーのよだれのどこがいけない？　多少そそっかしいかもしれないが、だからって、バカ犬とは言えない。
　い、いや、じつはバカなんだが……。雪のなかを歩くとき、走ってくるソリの前に立ってはいけないことを、レクシーはどうしても学習できなかった。フリスビーをくわえたまま餌のボウルに近づき、どうやって食べればいいのかと途方に暮れていたこともあった。まあ、いいではないか。
「レクシーは優しくて、愛情たっぷりで、いつもおなかの皮がよじれるほどみんなを笑わせてくれるのよ」バーバラは言う。「犬にそれ以上何を望めばいいの？」

スキッピー［17歳］
Skippy

　人生の冬の季節に入ったスキッピーには、1日1日の区別がほとんどつかなくなっている。ベッドで眠っていないときは、古いイージーチェアでうとうとしている。いまでもマットに連れられて散歩に出かける。リードをつけられたことは1度もなく、いまもそれは変わらない。マットの5メートルほどあとをついていくよう、きちんと躾けられている。
　視力はほとんどないが、それでも物の形を見分けることはできる。木のところまで歩いていき、期待に満ちた顔でおすわりすることがよくある。いつものように指示を待ついい子なのだ。
「木をぼくと間違えてるんだ」マットが言う。
　ときにはとんでもない方向へ歩いていって、マットが呼び戻さなくてはならないこともある。
「名前を呼ばれても、もう聞こえないけど、手を叩く音なら聞き分けられる」
　スキッピーはマットの末の息子ジョンと同い年で、一緒に大きくなった。ところが、最近はマットの母親ポーラにことのほかなついていて、ポーラもスキッピーをことのほか可愛がっている。現在80歳で、軽いアルツハイマーの気がある。食事どきになると、スキッピーはポーラのそばにすわる。ポーラは犬に食べものを与えてはいけないことをすぐ忘れてしまうし、犬のほうは食べものをねだってはいけないことをすぐ忘れてしまう。
「だから仲良くやってるんだ」マットは言う。

オートミールとウィンストン ［11歳］
Oatmeal and Winston

　オートミールはこの家では新参者。幼い娘たちへのクリスマスプレゼントとして、家にやってきた。
　オートミールはウィンストンにはない美点をすべて備えている。まず、とても静かだ。
「ウィンストンは郵便屋さんが来ると吠えるの」ヴィッキーは言う。「ほかにもいろんな吠え方があるのよ。〝宅配便のトラックが来た〟という吠え方。〝犬が通ったぞ〟という吠え方。〝玄関に知らない人が来てます〟という吠え方。〝パパが帰ってきた〟という吠え方。〝裏口から入らせて〟と頼むときの吠え方……」
　ウィンストンと違って、オートミールは遠慮深い。昔、ヴィッキーがもうじき夫になるダンとソファでいちゃついていたときは、ウィンストンが2人のあいだに顔を突っこんできたものだった。
　ウィンストンと違って、オートミールは落ち着いている。
「若いころのウィンストンは家の端から端まで猛スピードで駆けまわり、向きを変えるときは暖炉を利用してたわ」ヴィッキーは言う。いまもなかなか活発な犬だ。人々を集めようとし、ゴミ缶を襲撃し、郵便屋を殺したがる。
　では、ウィンストンはいい子ちゃんのオートミールを羨ましく思っているのだろうか。
「2匹はあまり交流がないの」ヴィッキーは言う。「犬が知りあいになるときの正式の紹介を、おたがいにしていないから。だって、オートミールはいつもおすわりしてるんですもの」

ウェストリー ［14歳］
Westleigh

　地球外生物だ——あなたはそう思っていますね。ケンタウルス座のα(アルファ)星からやってきた四足生物で、頭部はカマキリに酷似。
　しかし、モノクロ写真のせいでそう見えるだけのこと。ウィペットのウェストリーの実物には、エイリアンっぽいところはまったくない。むしろ、蹄(ひづめ)のある反芻(はんすう)動物に似ている。
「知らない人がうちの玄関に来て」ジャネットは言う。「裏庭に鹿が入りこんでるって教えてくれたこともあったわ」
　ウェストリーは穏やかで控えめな性格の優しい犬だ。どれほど穏やかで控えめなのか？　ある日、ジャネットが食料品の袋をさげて家に入ったとき、ウェストリーがあとをついてきて、そのうしろで玄関ドアがバタンと閉まった。血だまりができていることにジャネットの娘が気づいたのは、数分たってからだった。ウェストリーはキャンとも言わなかった。どうやら、しっぽの先がちぎれたぐらいの些細なことで大騒ぎをしてはいけないと思ったようだ。

スマーフィー ［17歳］
Smurfy

　スマーフィーがお漏らしをするようになったのは、赤ちゃんのレンがおむつをしていたころだった。そのため、一家のおむつ購入量は2倍に膨れあがった。1歳半になるレンは、スマーフィーを追いかけておむつを奪いとるのが大好きだ。「きっと、ロデオごっこをしてるつもりなのね」ママのベッキーが言う。

　以前飼われていた家で健康管理もされず、フィラリアで死にそうになったころは、スマーフィーには別の名前がついていた。幸せな新しい家に移ったとき、ベッキーはこの子に幸せな新しい名前をつけようとした。ただし、混乱させたくなかった。結局それまでマーフィーと呼ばれていたこの子は、自分の名前が変わってもまったく気づかなかった。

　スマーフィーはつねに魅力的な反抗をする犬だった。あるとき、ベッキーはナメクジを退治しようとして、ビールの缶の蓋をあけて庭に半分埋めておいた。それを見つけたスマーフィーは缶のなかで溺れていたナメクジを食べ、ビールまで飲んでしまった。酔っぱらって千鳥足で家に戻り、ポーチからころげ落ちた。

　いまでもときどき、ベッキーが外を見ると、トマトの枝が揺れるのが見える。スマーフィーが大好きなトマトを盗み食いしているのだ。

「スマーフィーが食べ散らかしたトマトの種から、勝手にどんどん芽が出てくるのよ」ベッキーは言う。「この子が死んだあと、トマトが追悼碑になるでしょうね」

スター ［10歳］
Star

　本能というのは生物学的に強い力を持っている。種の保存にとって不要となっても本能が消えずに残っているのを見ると、滑稽(こっけい)にも思えてくる。郊外で暮らす犬たちはいまだに、腐ってねばねばしたもののなかでころげまわる。獰猛(どうもう)な虎に自分の匂いを嗅ぎつけられないようにするためだ。
　また、食べものを埋める犬もいる。
　ビーグルのスターはあまり外に出ない。そんなことは問題ではない。トルティーヤ・チップスを埋める。チョコチップ・クッキーを埋める。パンを埋める。こっそり埋めるので、シャロンがこれらを見つけるのは、たいてい偶然からだ。
　埋められた宝物はどこにあるのか。家具のなか、ベッドのシーツのなか、柔らかく扱いやすいものならなんでもかまわない。
「この前なんか」シャロンは言う。「バスケットから洗濯物を出そうとしたら、ピザのかけらが落ちてきたわ」
　シャロンはふくよかで幸せそうなスターに目を向けた。
「そこで思ったの——どうしてこんなことするのかしら。この子、年をとってはいるけど、大恐慌の時代を生き抜いてはいないはずよねって」

ラスティ ［ 16歳 ］
Rusty

　あなたが見ているのは、消防士のこぶしぐらいの大きさしかないポメラニアン。ですよね？
　たぶん、こう思っているでしょう――わあ、なんて小さな可愛い子なんだ。
　まあね。だが、あなたの目はたぶん節穴だ。ラスティはボルティモアに住んでいる。家の人々を守るために、路地でネズミを追いかけてきた。
　ラスティのかつての飼い主はオートバイ警官だった。ラスティはハンドルの前のバスケットに入ってすわり、毛を風になびかせながら、大胆不敵、冷静沈着に、都会の通りを走り抜けたものだった。のちに、新しい飼い主がそのスリルを再現してやろうと思い、ラスティを自転車のバスケットに入れてやった。ラスティはあくびをしただけだった。

チェスター ［11歳］
Chester

　チェスターはウェルシュ・コーギー・ペンブローク。羊や牛を集めたがる。牧羊犬の血筋がそう要求する。遺伝子がそう強要する。でも残念ながら、市の規則により、市内で家畜を飼育することはできない。

　そこでチェスターは毎朝目を覚ますと、彼の家畜の群れを階下へ運ぶ。全部で8匹だが、1度に1匹ずつ。にこにこおじさん、サンタ、大きなジンジャーブレッドマン、小さなジンジャーブレッドマン、紫色のテディベア、ミスター・ダックスフント、小さな牛、そして、ネズミちゃん。みんなをコーヒーテーブルの下に置き、あとは夕方まで知らん顔だ。

　夜、ベッドに入る時間になると、彼の家畜の群れを2階へ連れ戻す。1度に1匹ずつ。にこにこおじさん、サンタ、大きなジンジャーブレッドマン、小さなジンジャーブレッドマン、紫色のテディベア、ミスター・ダックスフント、小さな牛、そして、ネズミちゃん。

ブレイズ ［11歳］
Blaze

　どんなフェンスもブレイズを閉じこめてはおけない。どんな金網フェンスも、木の塀も、格子戸も。
　〝飛び越えるのは無理だろうって？　地面を掘ればいいのよ。ドア？　笑わせないで。じっと待ってれば、そのうちドアがあくから、出ていけるわ〟
　ブレイズが何回脱走したのか、リンダにはもう数えきれない。「この子ったら、通りに出ると車に襲いかかるのよ。でね、タイヤに咬みつこうとして跳ねかえされるの」
　何か手段を講じる必要があった。そこで、リンダは電流フェンスを購入した。例によって頑固なブレイズは何回か強烈な電気ショックに見舞われ、そののちにようやく学習した。ところが、ブレイズにはボーダー・コリーの血が混じっているので、学習するときは徹底的に学習する。
　良くも悪くも、いまでは家の敷地内だけがブレイズの世界になってしまった。リンダがブレイズを散歩に連れて出ることはもうできない。連れて出ようとするのだが……。ブレイズはリードをつけてもらうのをおとなしく待ち、リンダに連れられて外に出る。しかし、次の瞬間、リードを自分の口にくわえ、リンダの先に立って家のなかに戻ってしまう。
　リンダは最初、犬の頭がおかしくなったのかと心配した。しかし、やがて理解するに至った。ブレイズの頭はいまもしっかりしている。いまも自分の決めた規則に従って生きているだけだ。

ハイネケン ［11歳］
Heineken

　ポーリーンは動物収容所のケージについている子犬の名前を見て、思わずつぶやいた。〝こんなのだめよ〟
　ポーリーンはスノッブではない。犬にビールの名前をつけるのに反対ではない。しかし、彼女なりの基準というものがある。犬についても、ビールについても。そこで、〝クアーズ〟はもっと立派なビールの名前をつけられてポーリーンの家にやってきた。
　そこから訓練が始まった。しかし、テリアのミックス犬のハイネケンは郵便屋とつきあうための基礎講座に落第した。入浴エチケット講座に落第した。庭の穴掘り厳禁講座に落第した。ソファのクッション尊重基礎講座に落第した。そこで、ポーリーンはハイネケンを犬の訓練学校へ連れていった。そこも落第した。
　気にしないことにした。ポーリーンは自分の意志を持った気立てのいい犬と共存することを学んだ。「誰だって戦わなきゃね。ハイネケンは地面を掘りたいから掘るの」
　ポーリーンはガッツを尊重している。「ハイネケンはダメ犬じゃないわ。弱くはないのよ」
　つまり、クアーズではないわけだ。ねっ？

レディ ［ 17歳 ］
Lady

　レディはネヴァダ州オースティンのアンティーク・ショップで、79歳になるアリスと暮らしている。アリスの話を聞いてみよう。
「以前は低い棚に置く商品を決めるさいに、細心の注意を払わなくてはなりませんでした。だって、レディがお客さまにすごくなついてて、大喜びでしっぽを振るから、アンティークのガラス製品が割れてしまうの。いまはたいてい、じっと寝そべったままだわ。関節炎のせいね。
　レディは優しくて人なつっこい大型の猟犬で、人々の心を和ませてくれます。牧師さまが店に来るたびにお尋ねになるのよ。この犬に祝福を与えてもいいですか、って。ショショニ族の居留地からやってくる祈禱師(きとうし)もいて、その人はいつもショショニ族の言葉でレディのために祈りを上げてくださいます。
　オースティンに住む女性すべてを合わせたよりも、レディのほうが多くの愛情を集めているでしょうね。まあ、オースティンに住む女性の数はそんなに多くないけど。半径80キロ圏内の人口が250人ですもの。
　ある日、剝製師(はくせいし)がお店にやってきて、レディの耳に声が届かないことを確認してから、亡くなったら剝製にする気はないかと訊いてきたわ。冗談じゃない！　レディを剝製にするなんて考えてもいないわ。埋葬するつもりもないし。ウジ虫に食われてしまうでしょ。この子をそんな目にあわせるのはいや。そのときがきたら、火葬して、遺灰を砂漠にまくつもりよ。そうすれば永遠の自由と幸福が与えられる。この子にふさわしい未来だわ」

ウォーカー ［10歳］
Walker

　むかしむかし、スペインにフェルディナンドというなまえの小さなうしがいました。
いっしょに暮らしているほかの小さなうしはみんな、走ったり、はねたり、
角をつきあわせたりしていましたが、フェルディナンドだけはちがいます。
しずかにすわって花の香りを楽しむのが好きでした。
　　　　　　　　　　　　　　　——マンロー・リーフ『はなのすきなうし』

　むかしむかし、ウォーカーという名前の小さなフォックスハウンドがいました。この犬はけっして狩りをしようとしません。狩りをするための犬種ですが、ウォーカーは血を好まず、大きな音に怯えてしまいます。正直に打ち明けると、どんなものにでも怯える犬でした。
　狩りと殺戮をしようとしないため、ウォーカーは飢え死にしそうになりました。そのとき、親切な人々がウォーカーを見つけ、優しく世話をして元気にし、里親探しを始めました。こうして6年前にスーザンのもとに来たのです。
「この子がうちに入ってきたとき」スーザンは言う。「15分で家族の一員になってたわ。朝食用のテーブルに近い片隅にすわりこんだから、そこにベッドを置いてやり、以来ずっと、そこがウォーカーの居場所なの。どなられるのが好きじゃないから、いつもいい子にしてるのよ。怖がり屋の猫みたいな子で、家族全員に愛されてるわ」

ベル［14歳］
Belle

ベルについて知っておくべきことが3つある。

1. 昔はすごい美女だった。ドッグショーで優勝したこともある。

2. 眼球が白濁している。
   8年前に失明したので、写真撮影のときはいつもサングラスをかける。
   そのほうが見栄えがする。

3. ケンタッキー州ラビット・ハッシュの町長の母親である。

サム ［16歳］
Sam

サムについて知っておくべきことが3つある。

1. 若いころは熊狩りが得意だった。

2. いまでは耳がまったく聞こえなくなり、腰痛もあるため、たいていじっとすわっている。スフィンクスのように。人々はサムのことを聡明な犬だと思っている。

3. ケンタッキー州ラビット・ハッシュの町長の良き友人である。

ジュニア［11歳］
Junior

　ケンタッキー州ラビット・ハッシュの人口は3人。しかし、グレーター・ラビット・ハッシュまで含めると、200人に膨れあがる。そこがジュニアの選挙区だ。ジュニアはこの町の町長をしている。

　何年か前に、グレーター・ラビット・ハッシュの住民が歴史ある地元の雑貨店〈ラビット・ハッシュ・ジェネラル・ストア〉の改装費用をひねりだすため、超びっくりの案を思いついた。「昔やっていたようなケンタッキー流の選挙をしたんです」ジェーンは言う。「有権者が1票につき1ドル払い、ひとり何回でも投票できて、最高金額を獲得した者が町長になるという方式です」

　何人かが立候補を表明したが——選挙運動の必要がなく、町長としての公務もとくにはなかったため——それ以外に、豚1頭、インコ1羽、ロバ1頭、犬何匹かも立候補した。ジェーンと夫のランディは友人や親戚から5000ドルを集め、飼い犬のジュニアが町長に当選した。これは生涯にわたる名誉職である。

　政治家としての資質はあるのだろうか。

「ジュニアはこの州でもっとも清廉潔白な政治家だ」ランディは言う。「なぜって、口がきけないからね」

リトル・ドッグ［10歳］
Little Dog

　池から救出されたとき、リトル・ドッグは6歳で、誰かに蹴られて瀕死の状態だった。耳はちぎれ、歯は折れ、ワイヤで絞めあげられた傷痕が首をとりまいていた。そんな犬にとっては、大型ハリケーンなど屁でもない。
　だから、2005年8月29日にハリケーン・カトリーナがミシシッピ州パス・クリスチャンを襲ったときも、リトル・ドッグは飼い主のアランとクレイトンの横でおとなしくうずくまっていた。この一家は自宅で暴風雨を乗り切ろうとしたわずかな家族のひとつだった。嵐が去ったあと、家は損傷を受けたものの倒壊には至らず、アランは思いきって外に出てみた。リトル・ドッグがそのすぐあとに続いた。
「まわりの家はすべて消えていた」アランは言う。「木材ひとつ残っていなかった」
　リトル・ドッグが荒涼たる月世界のような風景を見渡して、ハイウェイ90の向こう側にどんな秘密が隠されていたかを知ったのはそのときだった。そこにあったのは広大なビーチだった。
　いまでは毎日のようにリトル・ドッグがビーチに姿を見せ、水のなかを駆けまわったり、カモメを追いかけたりしている。車がビュンビュン通る危険な高速道路の横断を飼い主に禁じられても、こっそり抜けだして道路を渡る。そして、夜になると、ゴミや砂をいっぱいつけて戻ってくる。
「とにかく、うまく横断するんだ——どうやってやるのかわからないが」アランは言う。「サバイバルの達人だからね」

シャイアン ［14歳］
Cheyenne

　シャイアンがなぜいまもその半分の年齢の犬に負けないぐらい若く見えるのか、ヘザーには理解できない。目の色が風変わりなせいかもしれない。片方の目は茶色、もう一方は茶色とブルーが半々ずつ。あるいは、食生活のおかげかもしれない。馬の群れのそばで育ったため、生のニンジンが大好物。いやいや、もしかしたら、けっして退屈しないおかげかもしれない。ヘザーが馬牧場を経営していたころ、シャイアンはトラクターの助手席に乗っていた。ヘザーが新聞記者になったときは、彼女の取材についてまわった。

　2年前から、シャイアンも自分の仕事を持つようになった。コロラド州のスキーリゾート地ヴェイルで、観光馬車の御者にヘザーがシャイアンを貸しだしたからだ。人なつこくて元気にあふれ、毛のふわふわした小型犬が、凍えきった観光客の足を温める仕事をすれば、チップの額がぐんとはねあがることを、御者が発見したためだ。シャイアンは1時間につき1ドル払ってもらっている。現金で。

　現在、ヘザーとシャイアンは20エーカーの広さの農場で暮らしている。ヘザーは言う。「毎朝起きると、シャイアンはいまも馬の餌やりを手伝ってくれるのよ」

　ヘザーは不思議そうにシャイアンを見る。
「しかも、いまだに子犬みたいに跳ねまわってるの」

ジンジャー［11歳］
Ginger

　犬らしい犬もいれば、人間っぽい犬もいる。例えばジンジャーのように。犬に尋ねるわけにはいかないので、ジンジャーが自分を人間だと思いこんでいるのかどうかは不明だが、夕食のときなど、まるで自分が話しかけられているかのように、人々の会話に耳を傾ける。
「耳慣れた言葉が聞こえると首をかしげるのよ」エリザベスは言う。「だから、いつも首をかしげてばかり。だって、耳慣れた言葉がずいぶんあるから」この写真でも、そんなポーズをとっている。
　人間っぽい犬の特徴は、犬仲間より人間の家族を大切にし、犬族の脱走技術を軽蔑する点にある。人間っぽい犬は家のなかで暮らしていればとても幸せだ。だから、ジンジャーが裏庭から脱走したのを知ったときには、家族はあわてふためいた。ゲートが少し開いたままになっていたのだ。
　必死の犬捜しが始まった。ようやくジンジャーが見つかった。玄関先にいて、なかに入れてもらうのを辛抱強く待っていた。

ハンク［11歳］
Hank

　どうすればハンクのような犬ができあがるのだろう？
　ハンクは大型犬。いい犬だ。行儀がよくて、従順で、わがままなところはまったくない。貴族的な風貌だが、近くにいる誰かが手を上げたり大声を出したりすると、あるいは、単にくしゃみをしただけでも、すくみあがって隠れてしまう。攻撃的になることはけっしてない。例外は、アイリーンや、その娘のキャリーや、一緒に暮らしている3匹の猫に、よその犬が危害を加えそうだと見てとったときだけだ。1歳のとき、どこかの犬小屋に鎖でつながれて放置されていたのをこの一家に拾われて以来、ハンクは命をかけてみんなを守ろうとしている。
　3年前、アイリーンはハンクを獣医に連れていった。全身にわたって皮膚の下に硬い小さなボコボコしたものがあるので、とうとうそのことを尋ねてみた。獣医はメスでそれを1個摘出した。さらにもう1個。
　ＢＢ弾だった。何百個もあった。腹部、胸部、頭部、耳。
「ハンクはダライラマのような犬よ。非の打ちどころのない個性を備えた穏やかな犬。それなのに」いまも怒りを抑えきれずに、アイリーンは言う。「誰かの射撃の的にされてたの」

スパンキー［11歳］
Spanky

　エイハブ船長には白鯨、海賊フック船長にはワニ、そして、スパンキーには名もなき野良猫という敵がいた。スパンキーはこの猫に爪を立てられ、片目を失ってしまった。目はすっかり白濁し、視力はまったくない。いまでも、スパンキーが裏口の外に出ていると、にっくき野良猫がときどきやってきて、犬をいじめようとする。しかし、ふだんのスパンキーは家のなかにいて、ジャネットが仕事に出かけるときにいつもつけておいてくれる『アニマル・プラネット』を大画面テレビで見ている。

　仕事というのは過酷なときもある。例えば、男が赤ちゃんの口に銃口を突っこみ、引金をひくと言って脅すようなとき。警察への緊急通報に応答するのがジャネットの仕事だ。1日が終わって帰宅すると、唯一のルームメートであり、親友でもあるスパンキーが待っている。
「わたしたちが何かをする予定だってことを家族に話すと、家族は〝わたしたち〟がスパンキーとわたしのことだってわかってくれる。犬とわたし、それで充分よ。この子を見れば、思いやりが見える。目に思いやりがあふれているの」

ボカ ［10歳］
Boca

　かつてのボカはサイのようだった。死に瀕していたころの話だ。
　眉間に8センチほどの牙状の突起ができていた。きわめて悪質な癌なので、覚悟しておいてほしい、と獣医に言われた。しかし、離婚協議のとき、共有財産のなかでパティがぜったい譲るつもりのなかったのはボカだけだった。癌との闘いをあきらめる気はなかった。
　2年の歳月と1万ドルの医療費をかけたおかげで、突起物は消えた。動物病院の放射線室にはボカの写真がかけてある。獣医の意見がつねに正しいとは限らないことを、獣医たちが肝に銘じておくために。
　ボカはいまも一家の賢者だ。パティが猫たちをガミガミ叱るときも、ボカは喜んで猫のしつけを手伝ってくれる。放射線治療で目が白濁し、黒い毛に覆われていた顔が写真のネガのように灰色に変わってしまったのは事実だ。
「この子は美人よ」パティは言う。

バッコ ［12歳］
Bacco

　どの犬も使命を持っている。ささやかな使命もあれば、深遠な使命もある。学習によって身につける使命もあれば、遺伝子に刷りこまれた使命もある。獲物をくわえてくる犬。家畜を集める犬。レースをする犬。品物を見つける犬。警備をする犬。弱者を助ける犬。愛らしさをふりまくだけが仕事の犬。

　バッコはボールを食べる犬。ボールを追いかけることも、くわえて持ってくることもしない。バッコの仕事は哲学用語で言うなら純粋に認識論的で、物事の核心に到達することだ。「以前は、2個か3個のボールをいっぺんにくわえることができたのよ」エレナは言う。「滑稽な顔になるけど、誰にもボールをとられてなるものかと思ってたのね」

　ボールをかじるあいだ、バッコは木工職人の轆轤みたいな低いうなり声を上げつづける。これまでに破壊したボールはつぎのとおり……テニスボール、ピンポン玉、サッカーボール、テザーボール、クリケットボール、ソフトボール。

　エレナの母親アグネスは地質学者。バッコの仕事ぶりをもっとも熱心に観察するのはこの人だ。アグネスが観察したもののなかに、バッコの最大の勝利、バッコの傑作がある。それはゴルフボール。「3層か4層から成っているのよ」アグネスは言う。「プラスチック層、つぎにゴム層、そして、中心部がコルク！」

　バッコは1度だけ強敵に出会ったことがある。それはエレナから奪いとった公式試合用のバスケットボールだった。「〝徹底的にやっつけてやるぞ〟とバッコが考えてるのが、目に見えるようだったわ」エレナは悲しそうに言う。

ファッジ ［10歳］
Fudge

　コメディドラマの『ゆかいなブレイディー一家』みたいな家の犬なら、すべてを楽々と乗り越えるコツを身につけるものだ。
　それは中年どうしの再婚から始まった。ファッジはデボラとその娘2人に連れられて新しい家庭に入った。再婚相手のジェフは息子と娘を1人ずつ、インコ数羽、そして、礼儀知らずにもフェレットのつがいを連れてきた。ファッジにとっては困惑するばかりの未知の暮らしが待っていた。
　子供たちはファッジに馬乗りになり、しっぽをひっぱり、耳をつかみ、目をつついた。フェレットはファッジをエクササイズ用のホイールのかわりにした。こうした無礼な振舞いにも、ファッジは無頓着な態度で耐えた。愛する人々のそばにいられるだけで幸せだった。
　「この子、最悪なのよ」デボラは愛情をこめて言う。「耳の炎症と、皮脂分泌の過剰と、皮膚炎のせいで、ストロイド剤を投与されてて、身体を掻いてばかりだし、すごく臭いの。いまではデブデブになっちゃって、いつもおなかをすかせてる」
　これが休憩中のファッジ。ドアマットのようでもあり、熊の毛皮の敷物のようでもある。まさに甘くとろけるファッジ・キャンディ。

サミー ［13歳］
Sammy

　サミーを飼う前にはスパーキーがいた。メルは夫との離婚を決めたあと、フロリダから帰る飛行機のなかで泣いた。でも、スパーキーがいてくれる──そう思って自分を慰めた。
「ところが、ペットホテルに着いたら」メルは昔を思いだす。「スパーキーはビニールの袋に入れられてたの」心臓発作だった。そこで、メルはサミーを飼うことにした。愛情からサミーを迎えたのではなかった。
　サミーは外見こそ貴族的かもしれないが、中身は庶民だ。自宅で最高のフードをもらえるのに、お気に入りのおやつは、散歩の途中でメルにひきもどされる前に溝から拾いあげるパサパサのベーグルやピザ。サミーはシェットランド・シープドッグなので、地面との距離が近いのだ。
　以前、ペット専門の占い師から言われたことがあった。サミーはメルに腹を立てている、ラインストーンをあしらった首輪を買ってもらえないからだ、と。あまりのばかばかしさに、メルとサミーは家に帰るまで笑いが止まらなかった。
　犬は笑うことができないだろうって？　この写真を見てください。

ハニー・パイ ［15歳］
Honey Pie

「あらら、ベビーカーに乗ってる小さな赤ちゃんを見て」
「待って。赤ちゃんじゃないわ。犬よ！」
「めちゃめちゃ可愛くない？　くすぐっちゃお。キャ、いたたた！」

　7年前、ジョーとバーバーはチワワの保護サークルからハニー・パイをもらい受けた。ケージのカードには〝凶暴な性格〟という警告の文字があった。そっけない書き方だが、事実を正確に伝えていた。それにもかかわらず、ジョーとバーバラはこの子を愛するようになった。

　1年ほど前から、ハニー・パイは足元がおぼつかなくなり、ふつうの散歩をいやがるようになったため、ベビーカーに乗って散歩するという形に変わった。そのため、冒頭のようなシーンが1度ならず起きているわけだ。「訴えられたことは1度もないけどね」ジョーは笑う。「前もって警告してあるからね。誰かがベビーカーに手を入れると、ハニー・パイはぼくらが〝悪魔の顔〟と呼んでる表情を相手に向ける。思いきり歯をむきだすんだ」

　ハニー・パイの性格がよくわかったぞ——あなたはそう思います？　ジョーとバーバラもそう思っていた。ところが、ある夜、具合の悪かった飼い猫がハニー・パイのベッドにもぐりこんだ。ハニー・パイが自分のテリトリーへの侵入を許したことは、それまで1度もなかった。相手が猫の場合はとくにそうだった。なにしろ、猫にはなんの愛情も抱いていないから。ところが、その夜だけは猫を自分のベッドで寝かせ、夜通し見守ってやった。

　そして、そう、翌日猫は死んだ。ハニー・パイにどうしてそれがわかったのか、いまだに謎だ。

ケイリー ［14歳］
Caileigh

「年とった犬の顔には、それまでの生き方が出ると思うの」パティは言う。パティは老年学協会に勤務している。担当は加齢の研究。
「ケイリーの顔には瘢痕がまったくないでしょ。すべすべの顔をしてて、黒っぽい茶色だった鼻が白と灰色に変わり、希望に満ちた表情を浮かべている。
　昔から、森のなかを冒険しながら長時間歩いたり、雪のなかを楽しく跳ねまわったりするのが好きな子だったけど、いまはもうできなくなってしまった。わたしの声もよく聞こえないみたいだし、わたしの姿なんてぜんぜん見えてないけど、足元にいるこの子を見てちょうだい。以前と同じうれしそうな顔で、いつも浮かべていた愛らしい微笑を湛えて、わたしを見上げるのよ。そんなとき、わたし、ケイリーは変わってないなってしみじみ思うの」

パッチズ ［14歳］
Patches

　２人が交際を始めてからずいぶんになるので、ランディがサリーのためにサプライズで盛大な誕生パーティを開いて、大人数を招待し、旧友たちから送られてきた祝福の言葉の録音を披露したとき、サリーは何かが起きるのを予感した。それが何なのか、はっきりわかっているつもりだった。
　だから、パーティの途中で「きみの人生がつぎの段階へ進むよう、心の準備をしてくれ」とランディから芝居がかった口調で言われたとき、サリーは何が起きるかを察知した。〝イエス〟と答えようとした。この男性を愛していた。
「ところが」サリーは思い出話を続ける。「彼ったら、この犬を差しだしたの。首輪に風船がたくさんついてて……」（サリーは首輪をこっそり調べた。そこに指輪が隠れているかもしれないと思って）
　それが13年前のこと、サリーがパッチズと出会った日のことだった。
　指輪が贈られたのはそれから数カ月後で、やがて式を挙げ、子供が生まれ、そばにはいつも、ビー玉のような目と大きな心を持ったパッチズがいた。その心臓がいま力尽きようとしている。
「獣医さんにすでに5000ドルぐらい払ったわ。でも、ランディは知らないの。彼に言わないでね」
　彼に言うなだって？
「いえ、言ってもいいけど。わたしがこの子をどんなに愛してるか、ランディは知ってるし、ランディがどんなにわたしを愛してくれてるか、わたしにもわかってるから」

エマ ［10歳］
Emma

　エマはこれまでの生涯の半分を獣医のところで過ごしてきた。
　エマの健康にはなんの問題もない。飼い主のナンシーが郊外で動物病院をやっていて繁盛しているのだ。トイプードルのエマは毎日ナンシーと病院へ出かけ、ケージに入れられる。ケージをいやだとは思っていない。ここではすべての動物がケージに入っていて、共通の不満を抱いた独房棟の収監者たちのごとく、エマも長年にわたって何千匹という犬や猫と喜んで絆を深めてきた。
　エマの背後に何匹かの顔が見える。新しい患者が来るたびにナンシーが写真を撮って壁に貼るので、壁一面が巨大なコラージュになっている。
　エマにはクールな芸がふたつできる。あなたが指を引金の形にしてエマに向け、「バン！」と言うと、エマは床に仰向けに倒れて四肢を宙に上げる（この芸にはもっと物騒なバージョンもあるが、こちらのほうはナンシーが教えなかったようだ。われわれの知人が飼っているメス犬は、「さて、どうやって家賃を払う？」と訊かれると、同じようにバタンと倒れる）。
　動物病院のマスコットであるエマにもっともふさわしいのは、第２の芸のほうだ。おやつがほしくなったときは、吠えるかわりにくしゃみをする。

Ch. ペイガン・プレース・
フォン・デューセンバーグ ［14歳］
Ch. Pagan Place Von Duesenberg

　この犬を簡単にバンパーと呼ぶことにしてはどうだろう？　ほかのみんなもそうしているので。
　バンパーがコメディエンヌのフィリス・ディラーに似ているとは言えない時期もあった。もっとおバカに見えた。ドッグショーに出場するスタンダード・プードルだったので、お尻を刈りこまれ、しっぽの先をポンポンのような形にされ、顔の毛を剃られて、それはまるで庭師が植物を刈りこんで造るトピアリーの犬版みたいな滑稽な姿だった。
　自動車会社のエグゼクティブの妻が飼っていた犬から生まれたため、兄弟はロールスロイス、デロリアン、妹はジープと名づけられた。バンパーというニックネームは車にちなんだものではない。背後から忍び寄って人のお尻をつつくのが好きなので、〝ぶつかる〟からこんな呼び名が生まれたのだ。
　いたずら好きな純血種のバンパーは、いまはもう目が見えない。用を足したくなってワンと吠えると、ジャニスが外へ連れて出る。頭を高く上げ、いまなお自信に満ちた足どりのバンパーを、ジャニスがその片耳に手を添えて導いていく。逆転現象と言ってもいいかもしれない。ドッグショーの会場では人間が犬のあとを歩く決まりだから。
　バンパーはいまも貴族的だ。年老いた銀髪の合衆国上院議員を思わせるところがある。いまも威厳があり、いまも姿勢がよく、いまも魅力をふりまいている。
「年老いた政治家というのは悪い比喩じゃないわね」ジャニスは言う。「バンパーはいまも女の子に興味津々ですもの」

ゴルダ ［14歳］
Golda

　　ゴルダの犬種はカーディガン・ウェルシュ・コーギー。気質からすると、テニスボール・ハウンドと呼ぶべきか。または、黄色い毛羽立ちボール・レトリーヴァー。特技はボールをキャッチすること。
　　テニスボール・ハウンドは所有権という概念になじみがない。窃盗罪というものを知らない。注意散漫になることがけっしてない。交渉には気乗り薄。いまより足が速かったころのゴルダは、惨事が起きては大変なので、テニスコートの近くへはぜったいに行かせてもらえなかった。
　　ドッグランへ出かけて、空中を飛ぶボールを追いかけるとき、ゴルダはグレイハウンドを打ち負かすことだってできる。テニスボール・ハウンドにふさわしく、ボールをキャッチするための物理学を理解するという天才的能力を備えている。ベクトル、弧、落下の角度、反射角、跳ね返るコース、トルク、土壌のなめらかさ。
　　ゴルダも昔に比べると動きが鈍くなってきた。しかし、いまでもボールをとってきて、こちらの足元に落としてあとずさり、お尻を上げ、頭を下げ、ボールをじっと見て、いつものように低くうなって催促する。ねえ。ねえ。あと1回だけ。
　　ねえ。

チェルシー［13歳］
Chelsea

　この写真、キュートだと思います？
　でも、つぎの話とは比べものになりませんよ。
　何年か前、インディアナポリスにあるスコットとデニーズの家の裏庭で、コマドリの巣がカラスの襲撃を受けた。殺戮を免れたのは卵から孵(かえ)ったばかりのヒナが1羽だけ。スコットとデニーズは砂糖水とベビーフードでヒナを育てた。食事がすむと、くちばしについた餌をチェルシーが慎重になめてとってやった。
　ヒナは少しずつ成長してたくましくなり、やがて、チェルシーの水のボウルから自分で飲めるようになった。明らかに巣立ちの時期が近づいていた。
　ところが、そのことを誰も小鳥に説明してやらなかった。新しいママになってくれた穏やかな大型犬のそばで、小鳥は充分に満足している様子だった。家のなかでも外でもチェルシーのあとを追い、横になるときはチェルシーの前肢のあいだにもぐりこんだ。
「外へ連れていけば飛び去りますよ」獣医がアドバイスした。でも、まるでだめ。チェルシーを追って車寄せをピョンピョン跳ねていくだけだった。
　何週間かが過ぎた。ある日、チェルシーが外に出て、水を飲みながら、ボウルの縁にとまった小さなコマドリをじっと見ていた。前肢を上げて小鳥を優しく追い払うのを、デニーズは驚きの目で見守った。コマドリはあわてて飛び立ち、それきり戻ってこなかった。
「巣立ちのときが来たのをチェルシーは察したんだと思う」デニーズは言う。「両方とも知ってたんだと思う。だから、ああなったんだわ」

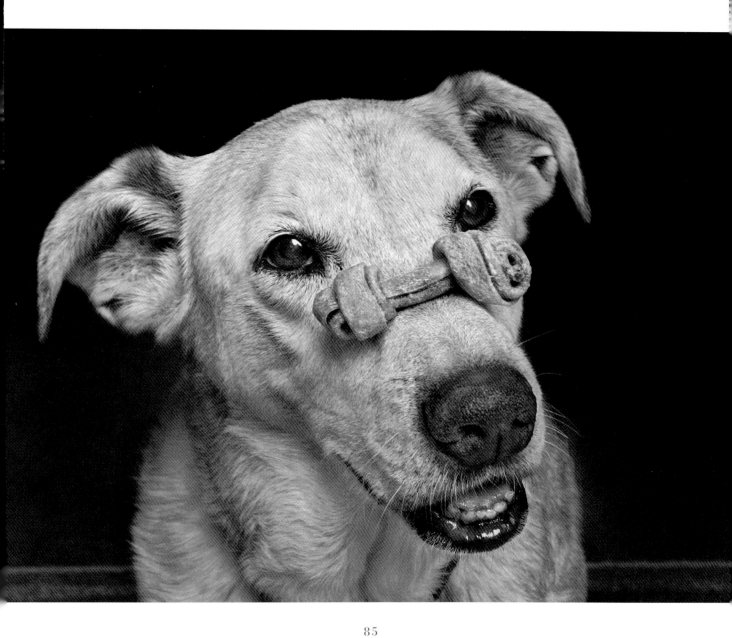

ゼファー［11歳］
Zephyr

　外見は人を欺くものだ。グレート・デーンのゼファーが図体ばかり大きな役立たずというのは、ある意味で真実と言えるだろう。前に一度、夕方までずっとシマリスにバカにされていたことがあった。裏庭で即興のモグラ叩きゲームが始まって、リス軍団が勝利を収めたのだ。リスが穴から顔を出し、ゼファーがあわてて駆け寄る前に姿を消すという繰り返しだった。

　しかし、ゼファーはまた、アメリカでいちばん大きな家猫でもある。すぐにすねる。少しよそよそしいところがある。そして、ある種の……権利意識のようなものを持っている。

「きちんとした言い方でないと、朝食に呼んでも来ようとしないんだ」ステュアートが言う。「〝ゼファー、ごはんだよ〟とどなるだけではだめ！　〝朝食の用意ができました〟とか、〝朝食にいらしていただけないでしょうか、マダム〟と言わなきゃいけない」

　最後に、ゼファーには犬とも思えない冷静沈着なところがある。

「例えば、ぼくらが旅行で3日間留守にしたとする。帰ってきても、ゼファーはベッドから出てぼくらを出迎えたりしない。〝あら、帰ってきたのね〟って感じなんだ。

　どう思う？　まるでこっちがゼファーの家に居候してるみたいな気分にさせられるよ」

ブー ［10歳］
Boo

　年齢が刻んだ知恵を見よ。心の平安と究極の悟りを得た者の表情を見よ。こうしたソロモンのごとき顔に永遠の真理が刻まれているのではないだろうか。
　いや、違う。ブーは赤い大きな犬のクリフォードがついた毛布の上にすわっている。安心感を得るために、どこへ行くにもこの毛布と一緒でなくてはならない。

ニコル［11歳］と ソフィー［11歳］
Nicole and Sophie

　ニコルとソフィーは一緒に生まれた姉妹で、部分的には鏡に映った姿のように似ているが、部分的にはフィルムのネガとポジのように正反対だ。2匹は子犬のとき、マンハッタンのファッショナブルなマリー・ヒル地区にあるビルの管理人室の前に捨てられた。管理人は2匹をスザンナにもらってもらった。

　マリー・ヒルで犬を飼っている人々は、犬には血統書があるものだと思いこんでいる。散歩のときに通りで出会う人々がスザンナに犬種は何かと訊いてくる。しばらくすると、スザンナは正直に答えることにうんざりした。誰もががっかりした顔をするからだ。ニコルとソフィーは"完全な雑種"だった。

「だから、犬種をでっちあげたの」スザンナは言う。「ラトヴィアン・エルクハウンドですって答えることにしたのよ」

　そういうわけなので、ニコルとソフィーはわれわれが出会ったラトヴィアン・エルクハウンドのなかで最高の2匹だと宣言することにしよう。

サーシャ［15歳］
Sascha

　耳が聞こえなくなる前から、名前を呼ばれてもサーシャはけっして返事をしなかった。そういうへそ曲がりなところがあった。そこで、ジェーンの十代の息子3人は、犬がどれかに答えてくれることを期待して、いろんなニックネームをつけはじめた。その結果、サーシャは、ニンジャ、クーリー、モモ、ビッグガイ、ベア、ボボ、モーゼズ、ピッグマン、スキッピー、クレイジードッグにも返事をしないことを学習した。
　しかし、ひとつだけ、かならずサーシャの注意をとらえる言葉があった。それは〝フード〟という言葉。
「サーシャは食べものが大好きなの」ジェーンは言う。「ペンもキャンディの包み紙も好きだし、クリネックスの大のファンでもあるわ」
　サーシャの食べないものが何かあるのだろうか。
「石」ジェーンは言う。
　甘えん坊で、穏やかで、ドジ犬のサーシャが、生涯に1度だけ攻撃性を示したことがあった。それは息子のスコットがふざけ半分にサーシャのボウルに顔を突っこみ、犬の餌を食べるふりをしたときだった。息子が以後二度とそんなことをしなかったのは言うまでもない。

ブルー ［14歳］
Blue

　動物収容所のケージに入っている5歳の犬を見て、リーサが気づいたことがふたつあった。その1、野生化した感じで、ディンゴに似ている。その2、悲しそうな顔をしている。リーサと同じように。リーサは鬱病に苦しんでいる。
　その犬はテキサス・ブルー・ヒーラーだったが、ケージにかかった札のスペルミスがリーサの心を打った。ヒーラーがHeelerではなく、Healer、つまり〝癒す者〟という意味になっていた。リーサはこの犬を家に連れて帰った。
「鬱病の者はおとなしい犬ではなく、はしゃぎまわる犬を飼ったほうがいいって言われてるでしょ」リーサは言う。「でも、うちの犬はそういうタイプじゃないわ。美人で、優しくて、暗い感じの子なの。仕事から帰ると、わたしにべったりくっついて離れようとしない。わたしを必要としてるの。それがわたしにとって必要なものなの」リーサの勤務先はホスピスだ。
　ブルーはいま、癌にかかっている。リーサはいつも人間の終末期の問題と向きあっているが、ブルーの最期に対しては、どう向きあえばいいのかわからない。ブルーと同じく、リーサもこの親友のことしか目に入らない。リーサはまた、マッサージ療法士でもあるので、毎晩、ブルーの腰の痛みが和らぐようマッサージをしている。当分のあいだ、こうして仲良くやっていくことだろう。

バフィー ［14歳］
Buffy

　アニカとその家族は『ワシントン・ポスト』紙の広告を見て、子犬のバフィーを家に迎えた。コッカー・スパニエルのバフィーはその恩返しをするかのように、一家の新聞配達役を買って出ている。アニカの計算によると、バフィーが『ワシントン・ポスト』の朝刊を運んだ回数は4013回にのぼるそうだ。
「バフィーったら、疲れてるときでも」アニカは言う。「そして、最近は疲れることが多くなってるけど、この仕事のおかげでシャキッとするのよ。任務に赴くって感じかしら。玄関をあけると、大砲の弾みたいに飛びだしていくの。自分の仕事だと思ってるのね」任務を完了すると、かならずクッキーがバフィーを待っている。
「この写真で目にすることができるのは、新聞を運ぶプロセスのほんの一部よ。バフィーは走って家に戻る途中、ちょっとひと休みして、それから本能にめざめるの。首が折れそうな勢いで、新聞を左右に大きく振らずにはいられないみたい。そのあとでようやく、わたしたちのところに新聞を持ってくるのよ」

コービー ［13歳］
Kobi

この犬のどこがモナリザに似ているでしょう？

1. じっとすわっている。

2. あなたが部屋のどこへ行こうと視線が追ってくる。

3. 人々はその表情に各人各様のものを読みとる。
 　　コービーのことを気難しいと思う者もいれば、憂いに沈んでいると思う者もいる。
 　　あるいは、落ち着きはらっていて満足そうだと思う者もいる。

わたしたちには答えがわかっているが、
披露するつもりはない（レオナルド・ダ・ヴィンチも披露しなかった）。

マジック［11歳］
Magic

　サモエドというのはトナカイの番をするために生まれた犬種だが、都会の郊外にはトナカイはほとんどいない。そこで、マジックはリスの番をする。
　番をするという仕事には、間違った場所——マジックの定義によれば〝地殻上〟——にいる動物を正しい場所へ導くことも含まれる。それがマジックの使命なので、極端な先入観のもとでそれを実行している。心優しい犬だが、リスに対しては容赦がない。
　ある日、公園へ散歩に出かけたとき、マジックが吠えはじめ、地面を前肢でひっかいたことがあった。それからロブに駆け寄り、またもとの場所へ戻っていった。これを見たロブは、〝ティミーが井戸に落ちてラッシーが助けを求める〟という基本的行動パターンだと察知した。調べに行った。マジックの足元にマッチ箱ぐらいの小さな赤ちゃんリスがいた。巣から落ちたのだろう。
　ロブはリスをTシャツのポケットに入れて車を出した。助手席にすわったマジックは死ぬほど心配している様子だった（ほかにいい表現がないため、〝死ぬ〟などという言葉を使ってしまったが）。動物レスキュー・センターに到着し、リスは一命をとりとめた。
　以来、マジックは二度とリスを追いかけなくなったと言ったら、あなたは信じますか。いえ、わたしたちも信じません。翌日からさっそく、リスのパトロールが再開された。

フィガロ ［11歳］
Figaro

　死体発見犬、フィガロのことは、たぶんあなたもお読みになっていると思う。
　フィガロはこの国の首都でもトップクラスの高級住宅地、ジョージタウンに住んでいる。最高の獣医にかかっているおかげで、顎に悪性の黒色腫ができたときも命を落とさずにすんだ。腫瘍は手術で切除され、フィガロは健康をとりもどした。ただ、舌がつねに外に出てヒラヒラするようになったけれど。
　ジョージタウンにはワシントン在住の文学者たちも何人か居を構えている。ミステリー作家のロバート・アンドリューズもその1人で、同じブロックのすぐ先に住んでいる。アンドリューズはこの元気あふれる小さなパグが大のお気に入りで、2002年に刊行した長篇 *A Murder of Promise* にフィガロを登場させている。

　フィガロはクンクン匂いを嗅いだり、小便をしたりしながら、Rストリートのほうへ向かって丘をのぼっていき、リードを持ったホグランドはコーヒーをちびちび飲みながら、とくに考えごとをする必要もない早朝の贅沢を楽しんでいた。不意にリードが乱暴にひっぱられて、ホグランドはぼんやりした状態からひきもどされた。小型犬は背の高い生垣のなかへ姿を消していた。「戻ってらっしゃい」ホグランドはリードをひっぱった。フィガロはキューンと鳴くと、飼い主に逆らって生垣のさらに奥へ入りこんだ。猫かリスね——ホグランドは思った。
　だが、それもフィガロの鼻づらについた血を見るまでのことだった。

"Murder of Promise" p1～2より

ルーシー ［12歳］
Lucy

　子犬のころのルーシーは厳密にいうと食品ではないものまで食べる子だった。靴、ソファのクッション、カーテンなどなど。頭に来たリンダは、『いい犬がなぜ悪いことをするのか』というベストセラーの訓練本を買った。ルーシーはそれも食べてしまった。

　リンダは言う。「本の残骸を箱に入れて、〝次はどうすればいいですか〟というメモをつけて著者に送ったのよ。返事はなかったわ」

　歳月とともに、ルーシーの暴食は影を潜めていった。行儀のいい犬になった。ただ、少々弱虫だ。散歩のときも、自分より大きな犬、獰猛そうな犬、攻撃的な犬、あるいは、単に顔見知りでないだけの犬にはぜったい近づこうとしない。そこで車の登場となる。

　車に乗っているときのルーシーは最高に幸せそうだ——窓から顔を出し、風を受ける。よだれが飛んでいく。これは多くの犬が知っている喜びだが、リンダの見たところ、この経験はルーシーにとってもっと深い意味があるようだ。巨大な力に守られているように感じるらしい。

　リンダは言う。「重さ１トンの金属に囲まれていれば安全だし、自分まで強くなったように感じるのね。通りを車で走ってて体格が２倍もある犬とすれ違ったときには、ワンワン吠えて、うなり声を上げて、歯をむきだすのよ。車に乗ってるかぎり、ルーシーはどんな犬とでも戦えるの」

クレオパトラ・サンフラワー ［13歳］
Cleopatra Sunflower

　クレオは子犬のとき、薬物濫用防止プログラムに参加中だった13歳の少女の犬だった。ドラッグに手を出さないかぎり犬と一緒にいてもいい、という約束だった。
　1歳にもならないとき、クレオはよそで飼われることになった。マイケルとアニタは少女がつけた名前をそのまま残すことにした。「そうするのが正しいことだと思ったから」と、マイケルは言う。
　かつてセラピードッグだった犬は永遠にセラピードッグだ。アニタは言う。「ある日、クレオを散歩させてたら、近所の16歳の子が歩道にすわりこんで泣いてるのが見えたの。クレオはその子の首に前肢をまわしたのよ。その子、〝わあ、びっくり。ワンちゃんが抱いてくれた〟って言ったわ」
　クレオのいちばん大きな才能を見いだしたのはアニタの母親のエイシャだった。数年前のことだ。
「わたし、オペラの曲を聴いてたの」エイシャは言う。「ベッリーニの『ノーマ』で歌われる〈清らかな女神よ〉だったわ。それに合わせて歌ってたら、急にクレオも歌いだしたのよ」
　猟犬がたまたま遠吠えをしたのではなかった。「わたしの声が高くなると、クレオも高音になるの。低くなると、クレオも低音になるのよ」
　一家はクレオのオペラ界への進出を応援した。いまでは、リクエストに応じて歌うようになっている。
「この子の声はすばらしいメゾソプラノだわ」エイシャは言う。

ヴィッパー ［11歳］
Vipper

　ヴィッパーは裏庭のプールがあまり好きではない。ちょっと怖がっている。スティーヴとマージョリーがプールの深い側へヴィッパーを放りこむと——しかも、犬が嫌がるのを無視してしょっちゅうやるのだが——ヴィッパーは必死に犬かきをしてステップのある安全なほうへ向かう。
　あなたはたぶん、スティーヴとマージョリーのことをひどい飼い主だと思っておられることだろう。だが、話を最後まで聞くまで判断は控えていただきたい。
　ずっと以前、2人はべつのジャック・ラッセル・テリアを飼っていた。名前はビリー・バンター。ある晩、ふと気づくと、ビリーがプールのなかにいた。そばにはアライグマ。どちらも溺れ死んでいた。おそらく犬がアライグマと喧嘩をして、両方ともプールに落ちたが、どうやって這いあがればいいのかわからなかったのだろう。ビリーが浮かんでいたのはステップからわずか10センチほどのところだった。
　そこで、夏の初めの儀式として、ヴィッパーはプールの深い側に放りこまれる。1回、2回、4回、6回。違う場所へ、違う体勢で、安全な場所がどこにあるかをヴィッパーがちゃんと覚えこむまで、必要なかぎり何回でも。愛と喪失から生まれた毎年恒例の試練である。

インディ［10歳］
Indy

　チェリルはフロリダでおこなわれたグレイハウンド・レースの古いビデオを観ていた。最後の直線に差しかかると、団子状態のなかから1頭が抜けだし、先頭を走る犬を猛スピードで追った。ニード・フォー・スピードというその犬は2着になった。
「横を見ると」チェリルは言う。「ソファのクッションに埋もれるようにして、インディがすぐそばにすわってるの。そこでわたしは思うの――これが同じ犬だなんて信じられる？」
　間違いなく同じ犬だ。優秀なレース犬のニード・フォー・スピードは、いまではインディと名前を変えて、優秀なソファかじり犬になっている。脚を痛めたこの犬を、チェリルは4歳でひきとった。
「この子がペットに変わっていく様子を見るのは感動的だったわ」チェリルは言う。「おなかをなでてもらうのがどういうことか、この子は知らなかった。どうやってキスをするかも知らなかった」
　インディにはレース用の名前しかなかった。可愛がってくれる人は誰もいなかった。いまでは、インディはチェリルが帰宅する2分前に、かならず窓辺へ行っておすわりする。なぜだか、帰宅のときを知っているのだ。
　夜になると、チェリルはインディと競走で2階へ上がる。先にベッドにタッチしたほうが勝ちだ。レースの開始はチェリルが2階へ向かうとき。だから、インディはうしろから追いあげなくてはならない。レースではいつもそうだった。
「この子、自分が勝ったときはちゃんとわかるのよ。気どって歩きまわるの」

スモーキー ［16歳］
Smokey

　わたしたちはジェシカの機嫌を損ねないよう気をつけながら、彼女の犬が「スター・ウォーズ」に登場するウーキーにそっくりなのを知っているかと尋ねた。そのあとに気まずい沈黙が続いた。失敗だったと悟った。
「いえ」ジェシカが言った。「スモーキーはイウォークに似てるって言われたわ」
　スモーキーの最初の名前はオニキスだった。ジェシカの一家が8歳のスモーキーを譲り受けたときには、歳月のせいで黒瑪瑙の色だった犬も灰色になっていた。改名は当然のことだった。
　スモーキーの最大の特徴は、性同一障害の傾向があることだろう。
「男の子になりたがってるの」ジェシカは言う。「おしっこのときに片脚を上げるだけでなく、マーキングしようとして、1メートルおきにおしっこをかけていくのよ」
　普通ではないが、異常というわけでもない——わたしたちは言った。
「わたしのパンティは盗むけど、わたしの恋人のパンツには見向きもしない」
　変わってはいるが、それほどでも……。
「発情期に猫に乗っかろうとしたこともあったわ」
　なるほど、異常だ！

マックス［14歳］
Max

　小型犬にありがちなことだが、ロングヘアード・ダックスフントのマックスも自分がちびであることを自覚していない。何年か前のある日、マックスは飼い主一家の幼い女の子マイアをべつの動物が威嚇していることに気づき、その動物の鼻に咬みついた。相手は馬だった。幸い、死亡事故にはつながらなかった。その後、馬は用心して距離を置いている。
　ひとつだけ、この犬の勇猛果敢さが萎える場面がある。犬を飼っている人ならこの先を読む必要はない。どういう展開になるか、すでにおわかりのはず。
「動物病院へ行くと、悲鳴を上げ、べそをかき、震え、泣きわめき、縮みあがり、恐怖のかたまりと化してしまう」ミッチは言う。
　最近はマックスも少しおとなしくなったが、喧嘩好きなところは相変わらずだ。ただ、少々形を変えて、老人にありがちな自分中心のへそ曲がりな性格になってきた。
「年寄りは短気でしょ」マイアは言う。「外に出たくなると、1度だけワンって吠えるの。こっちに与えられた時間は10秒。それが過ぎるともう手遅れ」

ケイティー ［11歳］
Katie

　ケイティーは国際的に評価の高い写真家のサリーが飼っている6匹の犬のうちの1匹で、ヴァージニア州の田舎にある400エーカーの農場で牧歌的な暮らしを送っている。サリーにご登場願おう。
「わたしたち、ケイティーのことはあまり好きじゃないの。性格が悪いから」
　あのう、じつはですね、この本は老犬のすばらしさを称える本でして——。
「グレイハウンドの保護センターの人たちに、〝この犬だけはやめておくように〟って言われたのよ。前の飼い主が手放すことにしたのは、どこかしっくりこないものがあって、犬のほうは、飼い主の枕に、そのう、うんちを……。それも1度じゃなかったんですって。でも、わたしたち、この子を飼うことにしたの」
　きっと、欠点を埋め合わせる美点も——。
「猜疑心が強くて、ずるくて、陰険な性格ね。ダイニングのカーペットにおしっこしたのも、たぶんこの子だわ。いかにもやりそう」
　しかし、きっと何か——。
「1日分の抜け毛でセーターが編めるほどよ。吐く息は黙示録レベルの臭さだし。この子の睡眠中に部屋じゅう臭くなるぐらい。馬の糞が大好きで、大喜びでそこに飛びこみ、馬の糞まみれになって悪臭をふりまくの」
　犬を愛してます？
「虐待したことは1度もないし、悲しい思いをさせたこともないわ。これでいい？」
　いいです。

ミスター・スティンキー ［14歳］
Mr. Stinky

「本名はルイージだけど」ジュリアーナは言う。「わたしはミスター・悪臭(スティンキー)って呼んでるの。なにしろ身体を汚すのが好きでね。ヨークシャー・テリアは気どり屋だって言われるけど、みんな、〝テリア〟の部分を忘れてるんだわ。テリアは炭鉱に入ってネズミをとるために作られた犬だから、まあ、そういう態度に出るわけね。そのせいで、1週間に1度はお風呂よ。本人は嫌がるけど」

　数年前のある日、オープンカフェで騒ぎが起き、ミスター・スティンキーが無罪放免となったこともあった。

「犬を膝にのせてカフェの席にすわってたら、男が手を伸ばしてわたしのハンドバッグを盗もうとしたの。ミスター・スティンキーが男の腕に咬みつき、ぜったい放そうとしなかった。もう流血騒ぎ。

　警官が駆けつけてきた。わたしはミスター・スティンキーを男からひきはがした。すると男は、獰猛な犬を連れてる罪でわたしを逮捕しろってわめきだした。

　警官は男をちらっと見てこう言ったわ。〝あんたを連行してもいいんだが、体重3キロの犬に咬まれたせいであんたが女性を逮捕させようとしたことを、おれが留置場に入ってる連中に話したら、あんたがどんな目にあわされることやら、考えたくもないね〟って」

　バッグを盗もうとした男はこそこそ立ち去った。

ウィンストン ［13歳］
Winston

　ビアデッド・コリーはスコットランド出身。ショーン・コネリーもそうだ。
　2、3年前のある日、こんなことがあった。ニューヨークの街なかで、ビアデッド・コリーのウィンストンがこの有名なスコットランド人に出会い、相手を魅了したのだ。たちまち強い〝絆〟が生まれたようだ。コネリーはパーク・アヴェニューで身をかがめ、ウィンストンと近づきになろうとした。顔と顔を合わせ、目と……被毛を合わせて。
　ビアデッド・コリーとアイコンタクトをとるのはむずかしい。目が豊かな前髪に隠れているからだ。これは荒野で羊の番をし、気力と根性で羊を集めていたころの名残りで、強風から目を守るためにこのようになっている。ビアデッド・コリーのチャンピオン犬の写真にはたいてい目がない。
　だから、この写真を撮るために、ウィンストンの目を覆った毛をわれわれがブラシでかきあげたところ、パットはうれしそうな顔をしなかった。われわれはぜひにと言いはった。パットは抵抗した。われわれが勝った。あなたも喜んでくれますよね？

リド ［16歳］
Lido

　できることなら、リドがすごい芸当をするところをお見せしたかった。誰もが啞然としただろう。しかし、いまはもう見られない。かつてはペネロピーが「逆立ちよ、リド」と言うと、逆立ちをしたものだった。頬を地面につけ、お尻を高く持ちあげ、最後に後肢の爪先を伸ばす。
　不幸なことに、リドは肺が弱いため、こうして倒立姿勢をとると咳きこんでしまう。犬の訓練士をしているペネロピーは、常識では考えられないことをするしかなくなった。教えこんだ芸当を忘れさせなくてはならなかった。
　ペネロピーがリドの飼い主になったのは9年前、可愛がってくれていた最初の飼い主がエイズで死んだあとのことだった。つぎに、リドは大の仲良しだったメイシーという犬を亡くした。ペネロピーと暮らすようになると、飼い犬のジョージアと仲良くなった。やがてジョージアも死んだ。
「リドは多くの別れを経験してきたわ」ペネロピーは言う。「でも、気丈な子なの。地面に根を下ろし、自分を見失わずに、しっかり生きてる。つねに誰か愛せる相手がいることを知ってるのよ」

ラッキー ［ 13歳 ］
Lucky

　ミセス・パークのクリーニング店のカウンターに客が洗濯物を置くとき、ミセス・パークと視線を合わせることはめったにない。洗濯物のバスケットを出し入れする通路にすわり、期待に満ちた目で客を見上げている小さな犬に注意を奪われてしまうからだ。
　常連客の多くがラッキーにおやつを持ってくる。ラッキーはなかなかのグルメだ。
「みんながクッキーを持ってきてくれる」ミセス・パークは言う。「ホットドッグを持ってきてくれる。ハンバーガーを持ってきてくれる。サンドイッチを持ってきてくれる。ラッキーの好物のペパローニを持ってきてくれる。あたしには何も持ってこない。ラッキーの分だけ」
　ラッキーはこの店の主みたいだ。ミセス・パークのあとについて、カウンターからデスクへ、裁縫コーナーへとまわる。どの場所にもラッキーの小さなベッドが置いてある。
　客が帰るとき、ミセス・パークはふたたび透明人間になる。
「みんな、"バイバイ、ラッキー！"と言う。"またね、ラッキー！"と言う。"会えなくて寂しいわ、ラッキー！"と言う。あたしには別れの挨拶なんてしてくれない。あたしの名前だって知らないんだから」

トゥート ［14歳］
Toot

　トゥートは昔から利口そうな犬だった。しかし、顔の毛が鼻から耳にかけて徐々に白くなるにつれて、黒く縁どられた目は、白内障で濁っていても鋭さを増していった。「相手を突き刺すような視線なの」モニカは言う。「まるで相手ではなく、相手の心を見つめているみたい」

　3年前、まだ子犬だったロットワイラーのクーリが家族の一員になったときは、トゥートが犬に必要な基本的な事柄を教えこんだ。いまではクーリが犬流のやり方で恩返しをしようとして、いつもトゥートに寄り添っている。われわれはトゥート1匹だけの自然な写真を撮りたかったが、クーリを追い払おうとしても、どうしてもだめだった。

　従来の考え方では、犬にモラルは理解できないとされている。事実そうかもしれない。しかし、トゥートの体力が徐々に衰え、歩調がのろくなり、視線が虚ろになるに従い、クーリはいつもトゥートのそばにいるようになった。まるであらゆる瞬間を愛おしむかのように。

ドジャー［13歳］
Dodger

癇癪持ちのウェスト・ハイランド・ホワイト・テリア、ドジャーの平凡な1日。

4:00 P.M. カメラマンが助手（彼の娘で11歳のソフィーと8歳のヴァレリー）を連れて家にやってくる。ドジャーがカメラマンの足に咬みつく。牙が靴に突き刺さる。飼い主のヒラリー（24歳）が心配いらないと言う。みんな、誤解してるけど、ほんとは優しい犬なの。

4:01 P.M. ドジャーがカメラマンの右手を咬む。皮膚が裂ける。

4:09 P.M. 撮影開始。

4:11 P.M. ドジャーがカメラマンの左手を咬み、牙が骨に達する。そのため大量出血。カメラマンの助手が泣きだす。

4:12 P.M. 出血を止めるために、ヒラリーがカメラマンをバスルームへ案内する。「ドジャーがカメラマンを咬んだの」ヒラリーは父親に報告する。父親は新聞から顔を上げもせずに、「ほう、そうか」と答える。

4:17 P.M. 止血作戦続行。ヒラリーがカメラマンに、ドジャーは獰猛な犬ではないと言う。「咬みつくのは、ノーという意思表示をしてるだけなの」父親がカメラマンに、そうひどく咬むわけではないと言って、ドジャーにつけられたいくつもの傷跡を見せる。前日のも含まれている。

4:26 P.M. 止血作戦、半ば成功。

4:28 P.M. 撮影再開。カメラマンは右側からカメラを構え、犬の表情をとらえる。「なあ、肉好きくん。まだおれをかじりたいかい？」

ダッチェス［10歳］
Duchess

　犬に衣装は着けない。われわれは自分たちに誓った。これを読者との暗黙の了解にし、気どりのない写真集にするつもりだった。
　ところが、ミニチュア・ピンシャーのダッチェスと出会ってしまった。何も身に着けないダッチェスを撮影するのは、葉巻のないグルーチョ・マルクス、眼鏡のないウディ・アレン、果実どっさりの帽子のないカルメン・ミランダを撮影するようなものだ。厳密に言うなら、まさに果実どっさりの帽子のないカルメン・ミランダだ。
「ハロウィンの仮装もダッチェスはいろいろやってきたわ」ドッティは言う。「テントウムシ、スカンク、バニー・ラビット、マリアッチのダンサー、ピーターパン、それから、魔法使いの弟子」冬のジャケットは「ヒョウ柄、まだら模様、千鳥格子など。バーバリータイプのジャケットもあるわ……」
　通りでミニチュア・ピンシャーに出会っても、人はそのまま通りすぎてしまいがちだ。どこにでもいそうな筋肉質の小型犬で、性格は控えめ。ちょっとよそよそしい。ドッティの話だと、人に気づいてもらえるのは衣装を着けたときだけで、ダッチェスもそれに気づいているそうだ。「この子、何か身に着けるのが好きなの。貴族みたいにつんとすまして、周囲の人のことは臣下扱いよ」
　ドッティ、ダッチェスの衣装にどれぐらい使ったんですか。
「6000ドルは楽に超えるわね」　は、はあ……。
「そうなの、バカでしょ」

B.B. ［13歳］
B.B.

　犬より人間のほうが長生きする。そういう定めになっている。だが、じつは違う。
　死ねばその存在は消える。だが、じつは違う。
　B.B.は慰めようのない悲しみを癒すための贈物としてやってきた。ナオミは看護師で、飼い犬を車にひかれて亡くし、同時に、受け持ち患者だった気立てのいい老人、ミスター・バーンズを亡くしたところだった。ナオミを慰めるために、ミスター・バーンズの娘がペキニーズの子犬をプレゼントした。
　10年後、ナオミが死んだ。犬の世話ができそうなのはナオミの娘のうち1人だけだったが、気が進まない様子だった。
「わたしは独身で、恋人もなく、自由に生きるタイプなの」ベウラは言う。「何かに縛られるのはいやだった」
　だが、しぶしぶ犬をひきとった。やがて、こんな発見をした。B.B.のなかに、いまも母親が生きている。この小さな犬のなかに、優しかったバーンズ老人も生きている。何年か前に癌で亡くなったベウラの姉、ジョー・ネルも。B.B.はジョー・ネルの飼い犬といつも遊んでいた。さまざまな思い出がからみあっていた。犬のぺちゃっとした小さな顔に、家族の多くが刻みこまれていた。
「B.B.が何か悪いことをすると」ベウラは言う。「言って聞かせるの。〝ママが眉をひそめるわよ〟って。それでどんなにわたしの心が安らぐか、口では言えないぐらいよ」

サーシャ ［13歳］
Sasha

　サーシャは生まれてから11年間、アフリカのマラウィ共和国で暮らした。飼い主のパムが人道支援組織の責任者だったのだ。サーシャは野生のサル、マングース、カメレオン、サイチョウという小さなオオカミぐらいのサイズの鳥を追いかけた。のろまのヤモリがいれば、しっぽをご馳走にした。しかし、サーシャのお気に入りの獲物は昆虫だった。ジャンプして天井の蚊をつかまえ、家具に止まったハエをつかまえ、空中でスズメバチをつかまえた。スズメバチのときは1度危うく死にかけた。大切なことを学んだ。スズメバチは丸呑みする前に嚙み砕くべし。

　晩年に入ったいま、サーシャは都会で暮らしている。パムの車に乗りこむには斜めに渡した板が必要だし、歩調もゆっくり慎重になっている。

　昆虫を食べるのは？　「向こうからサーシャの口に飛びこんできたときだけね」パムは言う。「たまにあるのよ。サーシャはもう大喜び」

ラダー ［11歳］
Rudder

　この犬が〝ラダー〟、つまり〝舵〟と名づけられたのは、ポーチュギーズ・ウォーター・ドッグは泳ぐのが好きという、まことにもっともな定説によるものだった。フランクとジュリアは、この子犬がイベリア半島にいた祖先のように水中でみごとな泳ぎを披露するところを想像した。祖先たちは海で漁網の設置を手伝うときに、たくましいしっぽで舵をとったものだった。
「でね、ラダーをビーチへ連れてったの」ジュリアは言う。「波が打ち寄せてきたら、この子、逃げだしたわ」
　そこで、ラダーは陸上任務に就くことになった。任務内容は主としてハンサムな顔を見せること。それをみごとにこなしてきたラダーだが、最近になって、背中の上部が禿げてきた。娘のマーラが思わず、「ラダーはパパと張りあってるみたいね」と、いたずらっぽく言ってしまった。
　この情け容赦のない比較に、みんな、大笑いだった。犬年齢で言うと、ラダーはパパよりずっと年上だ。まったく別の種に属していることは言うまでもない。やがて、獣医の診断が下された。不可逆性毛嚢形成異常。むずかしい病名だが、わかりやすく言うなら……男性型脱毛症。

スパーキー［12歳］
Sparky

リズ：動物収容所からこの子をひきとったのは5歳のときよ。ちょうど赤ちゃんを産んだばかりだった。小柄なのに横幅があって、おなかが地面につきそうだった。あんな不細工な犬は見たこともなかったわ。これじゃ貰い手がなくて死んでしまう。だから、車のドアをあけて、乗りなさいってこの子に言ったの。

ダグ：こいつの体重を減らすのに苦労したよな。

リズ：ブタだもの！

ダグ：うちで迎えた初めての朝、朝食のテーブルによじのぼって、皿のベーグルを全部食べてしまった。ぼくらは食べるものをきびしく制限した。なのに、体重は増えるばかりだった。

リズ：原因を突き止めるまでにしばらくかかったわ。

ダグ：毎日、こいつが午前3時にぼくを起こしにくるから、裏庭に出してやってたんだ。

リズ：戻ってくるのがすごく遅いの。

ダグ：ついにわかった。隣の家へ行ってドッグドアから家に入りこみ、ドッグフードを残らず平らげてた。

リズ：いまはもう大丈夫。ずいぶんほっそりしたのよ。こんな愛らしい子はどこにもいないわ。

ケリー ［16歳］
Kelly

　クラシックカーと同じく、老犬も金食い虫だ。ケリーの場合は金を嚙んで呑みこんでしまう。「向かいあわせにできる親指もないのに」ジョーンは言う。「この犬がソファにのってたわたしの財布をとったことがあったわ。不動産仲介士のライセンスと20ドル紙幣1枚をひっぱりだして、両方とも食べてしまった。わたしが見つけたときは、口から1ドル札が垂れさがってたわ」
　ケリーのおなかはゴミが詰まった〝豊穣の角〟だ。腹部のレントゲン写真に不審なかたまりが写っていたので、獣医は最悪の事態を予想して開腹手術に踏みきった。体内から見つかったのは、1リットル容量のジプロックの袋をパンパンにできるほどのゴミで、小枝、木の葉、泥、輪ゴム、キャンディの包み紙、セロハンなどが含まれていた。
　スプリンガー・スパニエルのケリーがこの犬種の平均寿命をすでに3年も超えているのはなぜなのか、不思議にお思いのことだろう。ジョーンも不思議に思っている。
「ケリーはわたしと一緒に寝てるの。毎朝、わたしが起きていちばんにやるのは、この子の胸に耳を当てて、ちゃんと呼吸してるかどうかを確かめることなのよ」